待ってました！

シギチ

ミユビシギ

ミヤコドリ

ダイゼン×オオソリハシシギ

シーズン、到来!!

バードウォッチャーには「シギチ」の愛称で親しまれているシギ・チドリ類。その多くは、日本より北の地域で繁殖し、南の地域で越冬するための渡りの途中で日本に立ち寄る、いわゆる「旅鳥」です。繁殖地を目指す春と越冬地を目指す秋に中継地に飛来する彼らは、そこでカニやゴカイ、貝類などを採食し、その後の路程を支える体力を養うのです。渡りの時期を待ちわびるファンならずとも、妙に気になるシギチの世界。百聞は一見に如かず。早速、出かけましょう!

キリアイ

アメリカウズラシギ

ダイゼン

シロチドリ

5

メダイチドリ
VS
ミユビシギ

コカイ
大物 GET ♡

洗って食〜べよっと♪

6

ヤバ！！
ミユビに見つかった

渡すか！

よこせー

あぶなかった〜

7

シギチ沼へようこそ！

　近年、SNS などネット上には日々、多くの野鳥の写真や動画が投稿されています。そのなかでも、季節 "限定" 感も手伝ってか飛来から飛去までその動向が注目を浴びるのが、渡り鳥。といっても一般によく知られている渡り鳥といえば、ツバメ、ハクチョウ、ガン、カモ、カモメの仲間あたりでしょうか。この本の主役であるシギ・チドリ類がまず頭に浮かんだ人は、地域性を考慮したとしても、血中 "鳥見" 濃度かなり高めといえそうです。

　本書は、そんなお一人、40 年近く鳥見＆撮影に取り組まれてきた築山和好さんの膨大なシギチ写真の中から、日本への渡来の多い 25 種を中心に厳選、構成したビジュアルガイド。人気鳥類画家、氏原巨雄さんと道昭さんへのインタビューと新作紹介なども織り込みながら、シギ・チドリ類の基本と魅力の一端をお伝えしていく一冊です。体形や色彩、興味深い生態、行動などに加え、種の識別の難しさ（謎多き存在）、来たり来なかったり（ツンデレ）、珍種の渡来（宝くじ当選ばりの？　僥倖！）──と、触れるとハマる要素も満載のシギ・チドリ類。人を惹きつけてやまないその世界の深淵を是非！　覗いてみてください。

ミユビシギ×メダイチドリ

もくじ

チュウシャクシギ

※本書掲載の築山和好さんの写真は、2016年から2021年にかけて千葉県三番瀬、九十九里浜、茨城県稲敷市にて撮影されたものです。
また、Part-Ⅲシギチファイルにおける「夏羽」「冬羽」「幼鳥」表示のある写真の撮影時期はそれぞれ、夏羽：4月上旬〜8月中旬、
冬羽：10月中旬〜4月上旬、幼鳥：7月〜10月中旬ですが、それらの状況が確認できる時期は撮影地の環境等により異なります。

《Part-1》

シギチペディア

オオソリハシシギ×チュウシャクシギ

身近な野鳥でも解明されていないことは山ほどあるもの。況やシギチを
や！　とはいえ、人々の情熱、最新技術などでわかってきたことも少なく
ありません。ここではそんな基本情報を中心に見ていきましょう。

「シギチ」ってどんな鳥？

◈ シギ・チドリ類に含まれる種

　ますは基本のキ、シギ・チドリ類（以下、シギチ）とはどのような種を指すかについて押さえておきましょう。分類的には鳥綱チドリ目（＊1）の7割を占めるチドリ科、シギ科、カモメ科の3科のうちカモメ科を除いた2科と、同じくチドリ目のセイタカシギ科、レンカク科、タマシギ科、ツバメチドリ科、ミヤコドリ科にそれぞれ属する種ということになっています（＊2）。

　ちなみに英語でシギチを示す「wader（＊3）」は主にヨーロッパにおける意味で、北アメリカでは「shorebird」がそれにあたります。北アメリカでの「wader」は多くの場合サギやコウノトリ類に対して使われるそうです。

　また、シギチは「渉禽類」と呼ばれることもありますが、これはもともとは江戸時代に全盛を極めた本草学で使われた言葉といわれ、「浅い水中に（長い脚で）歩み入って採食行動をする鳥」の意。シギチだけでなく大型のツル、サギ、トキ、コウノトリの仲間も含む総称でした（＊4）。

　総称といえば、「ジシギ類」という言葉を耳にしたことのある人もいるでしょう。ジシギ類は海辺よりも草原、湿地、水田などで過ごす傾向のある、特有の複雑な模様が見られるシギの仲間（＊5）。どの種も非常に似ており、尾羽の微妙な違いが見分けポイントという識別の難しさでも知られます。今回本書で紹介しているシギチは干潟などの沿岸で比較的広く見られることの多い種を中心としているためジシギ類からの登場はタシギのみですが、ジシギ類はシギチ見経験値高めの層に支持される、掘れば掘るほど興味深いグループです。

◈ 日本で会える7科の概要

　日本で観察できるシギチの多くは、繁殖と越冬のためにロシア、アラスカなど極北地域からアジア、オーストラリア地域を

＊1　非常に大きなグループで、国際鳥類学会議（IOC）の「IOC World Bird List（ver.11.1）」では鳥類の19科約390種がチドリ目に含まれる。

＊2　環境省による重要生態系監視地域モニタリング推進事業「モニタリングサイト1000」（2020）のシギ・チドリ類調査ではこの7科を調査対象としている。

＊3　複数形（waders）で水中まで入る釣り人御用達の腰や胸までカバーする防水長靴（ウェーダー）の意も。

＊4　同じく水辺の鳥でも「歩み入って」という特徴を満たさないカモ類は含まれない。

＊5　具体的にはシギ科タシギ属のタシギとオオジシギ、チュウジシギ、これに、同じくタシギ属のハリオシギ、アオシギ、ヤマシギ属のヤマシギ、アマミヤマシギ、コシギ属のコシギなどを指す。

往復する途中に日本に立ち寄る旅鳥（＊6）で、季節としては春と秋、特に春に多く渡来することがわかっています。

　以下では、シギ・チドリ類では最も多くの種を含むシギ科、チドリ科に、日本に渡来する5種を含む5科、計7科について駆け足で紹介していきましょう。

◆**シギ科**……南極大陸を除くほぼ全世界に分布。ほとんどの種は北半球の亜寒帯から寒帯で繁殖し、南方で越冬します。干潟や砂浜、河川敷、水田などに生息。日本で確認されているのは17属58種（＊7）。

◆**チドリ科**……南極大陸を除くほぼ全世界に分布し、海岸や湿地、河川、草原、山地にも生息。ほとんどの種が渡りを行い、その際は大きな群れを作ります。日本で確認されているのは3属15種（＊7）。

◆**セイタカシギ科**……ユーラシア、アフリカ、オーストラリア、南北アメリカに分布し、淡水、汽水、海水の湿地に生息。日本で観察される主な種はセイタカシギとソリハシセイタカシギ。かつてはレア種だったがセイタカシギは近年日本で繁殖も。

◆**ミヤコドリ科**……干潟、砂浜、岩礁など沿岸部に渡来し、主に二枚貝を捕食する。日本で観察される種はミヤコドリ。

◆**レンカク科**……熱帯の沼地、水田などの流れの穏やかな淡水域に生息。日本で観察される種はレンカク。

◆**タマシギ科**……東南アジア、インド、アフリカ、オーストラリアに分布。基本は留鳥で日本では水田などの内陸の湿地で繁殖しますが、北方のものは南方で越冬します。日本で観察される種はタマシギ。

◆**ツバメチドリ科**……ヨーロッパ、アジア、アフリカ、オーストラリアに分布。開けた地面のある場所で局所的に繁殖することも。日本で観察される種はツバメチドリ。

＊6　鳥の生態における生活型を示した特徴の一つ。大きく、季節により移動しない留鳥、移動する渡り鳥、その他の鳥に分けられ、日本での季節移動の型を反映してさらに下記のように分類される。
留鳥…同じ地域に一年中生息する（季節移動しない）鳥
夏鳥…春になると南方から渡来して繁殖、秋に渡去する鳥
冬鳥…秋に北方から渡来して越冬、春に渡去する鳥
旅鳥…春と秋の渡りの時期に日本に立ち寄る鳥
漂鳥…日本国内を季節移動する鳥
迷鳥…通常は渡来も通過もしないが、悪天候等で日本に偶然迷い込んだ鳥

＊7　「日本鳥類目録 改訂第7版」（日本鳥学会／2012）による。

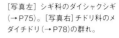
[写真左] シギ科のダイシャクシギ（→P75）。[写真右] チドリ科のメダイチドリ（→P78）の群れ。

◆2 シギチの生態的特性

◈ シギチを知る＝「渡り」の解明

　飛行機など影も形もないどころか想像すらできなかった時代から人間が抱いていたと思われる大空への夢。それは鳥類という「空駆ける」存在があってこそでした。そんな鳥たちの中でも地球規模の季節的な移動＝「渡り」を何万年も行ってきたのがシギ・チドリ類を含む「渡り鳥」です。

　実は鳥たちの多くは雌雄がペアとなり産卵、育雛をする「繁殖地」と、冬を過ごす「越冬地」を変える、季節的な移動（大きな意味での渡り）を行っています（＊1）。異なるのは、その規模。いわゆる渡り鳥たちは、種によっては片道1万km以上にも及ぶまさに地球を縦断する長旅を毎年こなしているのです。しかし現代に至るまでその事実を知る術はなく、人の想像を超える彼らの偉業はベールに包まれていました（＊2）。

　謎だらけの渡り鳥たちの生態が次第に解明されてきたのは、ひとえに長年にわたる調査研究の蓄積、科学技術の進歩などによるものでした（＊3）。その代表的な調査方法の一つがまず、鳥類標識調査（バンディング、Bird Banding）です。これは鳥に個体識別用の記号や番号付きの標識（足環）を付けて放し、その後、標識の付いた個体を見つけてその番号を確認する「回収」により鳥の移動や寿命に関する情報を得るというもので、19世紀初頭にヨーロッパで確立されました。

＊1　この意味で日本で見られる野鳥の半数以上が渡りをするといわれている。

＊2　そもそもかつては渡りという概念自体がなく、夏はあんなにいた鳥が冬姿を消すのはなぜなのかと思われていた時代は短くなかった。古代ギリシアの哲学者アリストテレスですらツバメは木のうろや泥の中で冬眠すると考えていたのだとか。

＊3　「どうして一週間も無着陸で飛び続けたりすることができるのか」「まだ一度も越冬地に行ったことのない幼鳥はどうして目的地に向かうことができるのか」「去年来た個体は今年来た個体と同一なのか」——。本能だもの。とスルーできない疑問を解明すべく、今この瞬間も多くの研究者たちが心血を注いでいる。

［写真左］マテガイをくわえたミユビシギ（→P60）の脚に足環が。［写真右］離水したキアシシギ（→P70）にも。

16

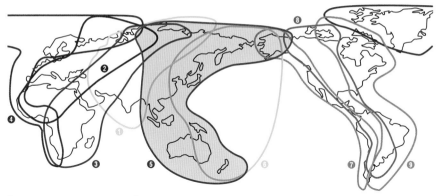

主にシギ・チドリ類の渡りルートに基づいた9つの主要フライウェイ

①中央アジア地域フライウェイ　②黒海・地中海地域フライウェイ　③西アジア・東アフリカ地域フライウェイ
④東太平洋地域フライウェイ　⑤東アジア・オーストラリア地域フライウェイ　⑥西太平洋地域フライウェイ
⑦アメリカ太平洋地域フライウェイ　⑧ミシシッピ地域フライウェイ　⑨アメリカ大西洋地域フライウェイ

日本では1924（大正13）年、農商務省によって初めて行われ、戦後は1961（昭和36）年に農林省の委託を受けた山階鳥類研究所により再開されています。

◆「渡り」を理解→支える事業も

　もう一つ、近年渡り鳥の研究を飛躍的に進展させたのが、照度と時間を記録するジオロケーター（＊4）と人工衛星を利用しての追跡調査でした。これら一連の調査により渡り鳥の目的地（繁殖地と越冬地）の位置、そこに至るルートについても、同じ経路を往復したり太平洋を一周するように巡回したりと様々であるといったことなどがわかってきました（＊5）。

　渡り鳥の移動追跡調査の目的には、繁殖地、越冬地、そこに向かう途中に立ち寄る中継地とその特徴を把握し、それぞれが鳥の生息にどのような役割を果たしているか、必要条件や関係を導き出すことで、環境と鳥の保護に役立てるといったことがあります。

　上の表（＊6）は、渡り鳥（渡り性水鳥）が毎年行き来する渡りのルート＝「フライウェイ」を示したものです。フライウェイに位置する（繁殖地、越冬地、中継地となる）国々が渡り鳥の生息のために重要な湿地などの持続可能な管理を担保するための国際連携協力事業（＊7）も展開されています。

＊4　データロガー（様々な種類の電気信号の読み取り、内部メモリにデータを記録できる装置）の一種。記録された一日の照度の変化により日の出、日の入り時間を予測し、そこから緯度経度を算出。渡り鳥の渡りルートをたどる。

＊5　鳥の渡りにまつわる研究の最新動向は『鳥の渡り生態学』（樋口広芳 編／東京大学出版会／2021）に詳しい。

＊6「東アジア・オーストラリア地域フライウェイ・パートナーシップ」パンフレット（東アジア・オーストラリア地域フライウェイ・パートナーシップ事務局／2020）より改変。

＊7 東アジア・オーストラリア地域フライウェイ・パートナーシップ（East Asian-Australasian Flyway Partership＝EAAFP）には、東アジア・オーストラリア地域フライウェイに位置する22カ国のうち日本を含む18カ国ほか政府間組織、国際NGO、国際的企業などが参加している（2020年2月現在）。

③ シギチの形態、色彩

◈ 種の識別に大切なこととは？

　バードウォッチング初心者でなくても種の見分けが難しいことで知られるシギチ。野生動植物観察に親しむ人であれば「識別」「同定」といった言葉を耳にしたことがあるでしょう。シギチ見においてこれらは日常用語です。

　見通しがよく好みの餌が得やすい干潟などに集うシギチは、上空の捕食者の目をくらますための保護色となる羽の色彩や模様、地表や地中、水中の採餌に適した嘴、長距離の渡りに適した羽をはじめとした部位の形状、体型——といった識別のための特徴が種を超えて酷似しています。羽色が夏羽と冬羽で別種のようになるのは想定内としても、夏羽と冬羽（＊1）が絶妙にブレンドされていたりする時期は、シギチ見の長い人でも頭をひねってしまうことは少なくありません。そんな時、判断材料となるのが、①個体が観察された場所とその状況と行動（反応）、②①を読み解く知識、そして、③過去のシギチ見経験に基づく感覚、です。

　②の知識の補填に際しては、なんといっても鳥見の先人の試行錯誤と知恵の詰まった図鑑類（＊2）が強力な助っ人となってくれるでしょう。現在はネット上で日本のみならず世界のシギチファンたちによる多くの写真や鳴き声などの音源、動画も視聴可能なので、それらも参考資料とすることができます。

　いずれにしても「あの鳥の正体（種名）が知りたい！」というシギチ見の最も基本かつ最大の希望は、知識と経験をフル活用しての総合判断を経て初めて叶うものなのです。

　初心者には見分けにくい動き回る個体も、②と③が備わればその行動が一番の判断材料となったりします。以降では「シギチ識別道」への第一歩、シギ類

＊1　夏羽を繁殖羽、冬羽を非繁殖羽ともいう。春の換羽後、繁殖期を過ごすことになる夏羽は、冬羽に比べると特に雄では派手なものが多い。

＊2　識別のための要素を凝縮した図鑑は鳥見必携の書。野鳥観察専門誌『BIRDER』（文一総合出版）シギチ特集での識別チャートなどもシギチ見初心者の強い味方に。

「似たものさんいらっしゃーい！」な一枚。写真ではじっくり見比べられるが、「現場」での動く個体相手の識別は慣れるまではなかなか難しい。

とチドリ類の最も基本的な行動の特徴を紹介していきましょう。まずは「採餌編」です。

◈ シギ類とチドリ類を行動の違い

チドリの仲間は、見通しのいい干潟などで立ち止まっては歩くことを繰り返します（＊3）。この行動はもちろん餌探しの一コマで、比較的大きな目を持つ彼らは視覚で干潟の地表の獲物を見つけ、素早く駆け寄って嘴で捕獲するのです。メダイチドリやダイゼンなどが干潟に現れたゴカイの頭を捕らえ、細長い脚で踏ん張りながら、獲物の体がちぎれないよう絶妙の力加減で引っ張る様子はまさに職人技です。

対して、シギの仲間に多く見られるのが、歩きながら長い嘴で地表や浅い水辺の水中や底面をつつきながら移動して採餌する姿。ここで嘴は獲物を誘き出し、探り当てるという役割を担っているようです。

続いて「頭掻き編」を見ていきましょう。チドリ類は頭掻きをする際は、間接法（＊4）です。「間接法って？」という方のためにご説明しておくと、鳥が頭を掻く時に、下げた翼の間から脚を出して掻くのが間接法（→P35シロチドリ参照）。対して、翼は下げず、上げた脚で頭を掻くのが直接法で、シギ類はこちらになります（→P34トウネン参照）。小鳥は間接法が多いので脚の短い鳥の仲間はそうなのかとは思いきやそうとも限らず、比較的脚の長いミヤコドリやセイタカシギでも間接法が見られます。分類の基準となるとまではいえないものの、頭の掻き方は仲間によって間接法と直接法のどちらかがほぼ決まっているようなので覚えておくといいでしょう。

繰り返しになりますが、体験でしか育まれない感覚を会得し、磨くためには、やはり場数を重ねることです。シギチ見の大きな醍醐味の一つである珍鳥との邂逅。これも買わない宝くじは当たらないのと同様、「現場」に足を運ばないと生まれません（＊5）。日本にシギチに会える貴重な「中継地」があることを感謝しつつ、待望の瞬間を見逃さない識別眼を粛粛と養っていきたいものです。

＊3 酔っぱらった状態の人の歩行を表す「千鳥足」という言葉は干潟や砂浜の上を急に向きを変えて走ったり立ち止まったりするチドリ類のこうした様子を例えたものといわれる。ちなみにチドリ類の趾は3本でシギ類の趾は4本。

＊4「翼越し頭掻き」ともいう。

＊5 繁殖地と越冬地への渡りの途中でシギチが立ち寄る主な中継地である干潟を訪れる際は、潮汐（ちょうせき）・潮見表などでの干潮時間のチェックは必須。初心者は事前にシギチ観察関連情報をネット等で入手しておきたい。

砂浜の穴に隠れるハジロコチドリ。コメツキガニの作った砂団子の影にシロチドリが隠れたりと、小さいからできるサバイバル術が興味深い。

◆4 シギチの一日、一年

◇すべての行動は「生き延びるため」

　シギチとひと口にいっても、全長（＊1）一つとってもスズメ大（〜15cm）からハシブトガラス大以上（58cm〜）までと様々。とはいえ"仲間"だけに、食性、生息環境、長距離の渡りを行うなど共通点も少なくありません。ここではシギチ全般に見られる一日の過ごし方を見ていきましょう。

　野生動物全般にいえることですが、シギチもまた「行動原理＝生命維持」で、その一日は採餌、休憩・睡眠、羽の手入れと、とにかく死なないために必要な行動に費やされます（＊2）。人が「なぜそんなにリスクの高い長距離移動を？」と思いがちな渡りも、その地で繁殖、越冬した方が生き延びやすかったから、というシンプルな理由によるようです（＊3）。

　鳥類の食性は大きく、果実食や種子などを採食する「植物食」、虫類、魚介類から哺乳類までを採食する「動物食」、その両方を採食する「雑食」（＊4）の3つに分けられ、この中ではシギチは動物食です。なお、あらゆる動物はその食性や行動に適した口器や消化器官、骨格、筋肉など体の構造、運動・消化機能を有していますが、渡り鳥は長距離移動中とそれ以外で体の構造を変えることがわかっています。渡りを前にすると消化器官は小さくなり、逆に羽ばたくための胸筋が発達、脂肪を蓄えた体型になるのだとか。繁殖地や越冬地ほど長い期間を過ごすわけではない中継地での滞在中も栄養補給に適した構造に変わるのです。日本での激しい食っちゃ寝ぶりに「渡り中は飲まず食わず寝ずで大丈夫なの？」と思っていた人、安心して（？）ください（＊5）。そういうことだったようです。

　また食性といえば、2012年に小型のシギ類についての画期的な研究成果が

＊1　嘴の先から尾の先までの長さ。脚の長さは入らないので、立ち姿の印象とはかなり異なる。

＊2　その間、天敵から捕食されないよう気を配るのは言わずもがな。時に他の鳥と食や繁殖に関する小競り合いも含むが、それも大きな意味では生命維持のための行動。

＊3　体の小さな種が群れで行動するのも生き延びるため。

＊4　動物性タンパク質はやはり体づくりのためには重要かつ効率のいい栄養素なのか、雑食のスズメなども繁殖期、雛には昆虫などをメインに与える。

＊5　そうはいっても渡りはやはり過酷で、中継地到着直後の小型種の幼鳥などは総じてよれよれ状態。渡来直後に捕獲された鳥類標識調査対象の個体は脂肪を極限まで燃やし尽くしたのか白い灰ならぬスカスカな体になっていた例も。なお羽ばたいて飛ぶ鳥の場合、体の重い鳥ほど長距離移動は負担が大きいらしく、体重と渡りの距離は反比例することがわかっている。

ペリット（甲殻類や昆虫の外皮、骨や鱗など不消化物の固まり）を吐き出すダイシャクシギ。小さな種などでは時に獲物が大きすぎて飲み込めずに吐き出す姿も見られる。

発表されました。ゴカイやカニなどと考えられていた彼らの主な餌が実は干潟の泥表面の「バイオフィルム（微生物膜）」だったというのです（＊6）。ちなみにバイオフィルムは舌先に生えているブラシのような毛を使って採食するのですが、この舌毛は小型のシギほど発達しているのだそうです。

＊6　バイオフィルムが最大で餌全体の78％を占めていたケースもあったという。

◈鳥の「生」を左右する嘴で……

　人間の手のように多様な機能を持つ鳥の嘴は、採食のみならず、物をつまんだり、他の動物を威嚇、攻撃したり、繁殖期には求愛、生息場所の環境に合わせた営巣や育雛など、その鳥の「生」と深く繋がり、様々な適応も経てきています（＊7）。シギチが一日の間に採餌、休憩に続いて時間をかける羽の手入れ（羽繕い）も、嘴を駆使して丁寧に行われます。水浴びと羽繕いで汚れやダニなど健康を害する要素を取り除き、非常時に即飛び立てるよう羽の状態を整えることも、「死なないため」の重要な仕事。尾の付け根にある尾脂腺から出る分泌物を嘴で羽に一枚ずつせっせと塗りつけ、羽毛の湿るのを防ぎます。

＊7　鳥類の嘴はその形状と使われ方からニッパーやペンチ、ピンセット、ストロー、菜ばし、網などの道具に例えられる。嘴に注目するとさらに興味深い鳥の世界が期待できそう。

　ちなみに識別が難しいシギチですが、種ごとに特徴のある夏羽（＊8）となる春の渡りの時期は比較的難度は低め。問題となるのは8月から10月にかけての南方に向かう秋の渡りの時期です。地味な幼鳥に、その幼鳥よりも淡くなる冬羽の成鳥などが多く混ざり、識別はかなり難しくなります。

＊8　本書Part-Ⅲシギチファイルで「夏羽」「冬羽」「幼鳥」について一部表示を行ったが、羽が混在するものなどはすべて無表示とした。

　そんなシギチにとって一年のうち最も大きな仕事といえば、これも他の野生動物と同様に、やはり繁殖でしょう。前述のようにシギチの多くは日本には旅鳥として立ち寄るため繁殖を見ることは難しいのですが、チドリ属のシロチドリ、コチドリ、イカルチドリ、そのほかタゲリ属のケリ、タゲリ、セイタカシギ属のセイタカシギなどの一部には日本で繁殖するものもいます。食事や生息地と同じく繁殖環境は種によって異なり、シロチドリは砂浜の砂地、コチドリは砂地や小石混じりの開けた場所、イカルチドリは河川中流以上の小石のある河原などをそれぞれ好む傾向があります。

シロチドリの雛。物陰に隠れるという本能は驚くほど早くから発揮される。

◆5 シギチと日本人

◈文化、生活の中で愛されてきたシギチ

　自然の風景の美しさ、それを重んじる精神性を表した四字熟語「花鳥風月」が示すように、古来、鳥は日本人の心身に寄り添い、映し出す存在でした。シギチも日本最古の歌集『万葉集』から現代まで、多くの文学、芸術作品に登場、文様や家紋などに広く用いられ親しまれてきました。

　辞書を引くとシギとチドリはともに特定の種を表すものではなく、それぞれシギ科とチドリ科の鳥の総称となっています（＊1）。チドリは「千鳥」という漢字表記の通り、数多く群れをなして飛ぶことに由来（＊2）。中世より衣裳、調度品の文様として、時代が下がってからは家紋にも使用されました。右ページの江戸時代に描かれた浮世絵では情景のみならず、人物の衣裳にも千鳥が描かれていますが、千鳥柄は庶民にも愛され（＊3）、現在も和柄の人気モチーフとして広く使用されています。

　なお、本書ではシギの漢字表記は「鷸」を使用していますが、「鴫」もあります。前者が中国からの"漢字"であるのに対し、後者は奈良時代に日本で形成された"国字"。田＋鳥という字の構成から主に内陸で過ごすジシギ（→P14参照）を指しているのかもしれません。下記で紹介する短歌、俳句でも「鴫」となっています。

　　こころなき身にもあはれは知られけり
　　鴫立つ沢の秋の夕暮　　　　　　──西行「山河心中集」

　　刈りあとや早稲かたかたの鴫の声　　──芭蕉「笈日記」

　　立鴫とさし向ひたる仏哉　　　　　　──一茶「七番日記」

　　ぬばたまの夜の更けゆけば久木生ふる

　　清き川原に千鳥しば鳴く　　　　──山部赤人「万葉集巻六」

　　入り乱れ入り乱れつつ百千鳥　　　──正岡子規「寒山落木」

シギとチドリを描いた絵画

歌川広重「波に千鳥」『花鳥錦絵』収録　国立国会図書館デジタルコレクション

シギ　「鴫」『絵本百千鳥』(江戸後期)収録　国立国会図書館デジタルコレクション

チドリ

小原古邨「雨中の田鴫」(1904〜13年)中外産業株式会社　原安三郎コレクション

歌川豊国「浦浪を越て友よぶ千鳥の声」『豊国錦絵集』(1853〈嘉永6〉年発行)収録　国立国会図書館デジタルコレクション

◆6 シギチを取り巻く環境

◈シギチほか野鳥たちの支え方

　北は亜寒帯から南は亜熱帯まで、様々な気候区分に属す大小の島々からなり、屈曲に富んだ海岸線、起伏の多い山岳など変化に富んだ地形を有する日本。その長い海岸線にあった干潟や湿地には、かつては時に数千、数万ものシギチが飛来していました。しかしその個体数は、現在に至るまで実に半世紀に渡って減少が指摘され続けています。

　戦後、1960年代から展開された高度成長政策は産業社会の目覚ましい発展をもたらしました。しかし日本列島改造の名の下に行われた全国の数多くの干潟、湿地の埋立て（＊1）をはじめとする大規模な自然破壊の影響もまた、70年代には歴然としてきました。この頃から不可逆的な環境の変化に危機感を覚えた人々により、全国のシギ・チドリ類のモニタリング調査がスタート（＊2）。その結果によると、シギ・チドリ類の個体数は1970年代と2000年代では春期で約40％、秋期で約50％が減少したとみられています。

　生態系の変化にできるだけ早期に気づき、適切に生物多様性の保全へとつなげるためには「長い間、多地点で、同じ方法でみる」ことが重要となります。それを目的として2003年、環境省がスタートしたのが日本の多様な生態系について調査する「モニタリングサイト1000」事業です。

　なかでもシギ・チドリ類ほか数種（＊3）の個体数調査及び調査地周辺の環境状況の調査を全国約140カ所の調査サイトにおいて行うのが「モニタリングサイト1000シギ・チドリ類調査」。淡水性のシギチが集中して渡来する地域においては水田や農耕地でのモニタリングも行われています。これらの調査への協力には当然、確かな識別能力が必要となりますが、興味のある人は関連サイト等をチェックしてみてください。

　以降ではシギチほか水鳥に関する保護の国際的な枠組みを見ていきましょう。

＊1　この時期に実に約40％（1940年頃と比較）もの干潟が失われた。

＊2　日本野鳥の会や日本鳥類保護連盟も協力しての全国調査で、以降の調査の前身となった。

＊3　数種の内訳は、絶滅危惧種のズグロカモメ、クロツラヘラサギ、ヘラサギ、ツクシガモ。

辻淳夫の干潟からの声
ちどりの叫び、しぎの夢
辻淳夫

『ちどりの叫び、しぎの夢　辻淳夫の干潟からの声』
(辻淳夫著　伊藤昌尚 編／東銀座出版社／2013)
1970年代から藤前干潟をはじめ全国の干潟や湿地の保全活動に携わってきた辻淳夫氏の足跡をまとめた一冊。「臨海工業地帯としての立地条件を備え、安価な土地造成が可能」という視点でしか干潟を判断しない開発側とそれをバックアップする行政側を相手にした当時の草の根運動の過酷さ、と同時に世界の同志とつながることの力強さを伝える。次から次へと立ち現れる課題への対し方、挫折を糧にするなど、本書で著者の精力的な活動を追体験することで学ぶところは大きい。

東京湾にガンがいた頃

『東京湾にガンがいた頃──鳥・ひと・干潟　どこへ──』
(塚本洋三 著／文一総合出版／2006)
とにかく惹かれる、夢中になる。著者にとってはその対象が鳥見だった。1953年、日本野鳥の会の中西悟堂会長(当時)にハガキを送り中学2年で入会を果たした塚本少年は、千葉県新浜での鳥見にどっぷりハマり、1962年までに300回以上通う。野外識別の黎明期、野鳥研究家の高野伸二氏ら錚々たる面々と少ない情報と経験値を持ち寄り、世代を超えて鳥見に熱中する著者──。軽妙に語られる当時の経験が興味深ければ深いほど、変わり果てた新浜、そこにいた失われたものの大きさが迫ってくる。

ひがた

『ひがた　シギ・チドリ群れる汐川干潟』
(汐川干潟を守る会編／文一総合出版／1993)
三河湾の最奥部、愛知県渥美半島の付け根に位置する汐川干潟の春夏秋冬の様子を追う写真集。湿田や畑作地、ヨシ原など後背地にも恵まれた広さ約280haほどの干潟に集う水鳥たちの姿を美しい写真で紹介。豊かな干潟と後背地に抱かれた表情豊かな鳥たちの姿に、あらためて環境保全の大切さを教えられる。干潟の周辺環境や訪れる鳥の種名と飛来時期、干潟にまつわる思い出、地図でわかる今昔(干潟が失われてきた歴史)、保護活動の詳細な経過、現状と展望まで、記事も充実。

◆ 国際的な水鳥保護のつながり

　一般的にもよく知られているものといえば1971年2月2日にイランのラムサールで採択されたラムサール条約でしょう。正式な名称は「特に水鳥の生息地として国際的に重要な湿地に関する条約」。該当する湿地を登録し、その登録国は湿地の適正な利用と保全について計画を立て、実行していきます。2018年10月現在、日本の条約登録湿地は52カ所、面積は15万4696ヘクタールとなっています。
　そしてもう一つが日本を含む22カ国が連携した「東アジア・オーストラリア地域フライウェイ・パートナーシップ」(→P17)。湿地や水鳥に関する情報の共有、研究協力などを目的としており、日本に飛来する水鳥に関する保全方策などについても定期的に話し合われています。

[写真上]本書写真の撮影された場所(フィールド)の一つ。[写真下]撮影場所に生息するコメツキガニ。

Part-II

シギチアクション

コアオアシシギ

数千 km ～ 1 万 km 超もの長旅の途中に日本に立ち寄り、目的地までの
パワーをチャージするシギチたち。ここでは中継地の干潟で過ごす彼らの
様々な表情や興味深いしぐさを捉えた"瞬間"写真をお届けします。

オオメダイチドリ

離着水 (陸)

キアシシギ

ホウロクシギ

水上、陸上ともに見通しのいい場所にいがちなシギチ。その助走時、飛び立つ瞬間、降り立つ瞬間の動きをキャッチ！　長距離を移動する種ほど長く鋭角的な翼を持つため、羽を広げた姿は非常にダイナミックです。

チュウシャクシギ

ダイシャクシギ

アカエリヒレアシシギ

29

採餌・食餌

ミユビシギ

ホウロクシギ

シギチの餌はカニ、ゴカイ、貝類などのいわゆる底生生物のほか、昆虫やミミズなど。ロックオン&パックンされた獲物には気の毒ですが、採食中はやはりうれしそうです。キアシシギは追い込み漁に精を出しているところ。

シロチドリ

キアシシギ

威嚇・小競り合い

キョウジョシギ

ミヤコドリ（VS カモメ）

捕食＆被食は日常風景の野生の世界。地上からも空からも現れるライバル相手にシギチたちは日々奮闘中です。頭の高さを競うような動きでマウントし合う（？）キョウジョシギの、メンチを切るような表情は絶妙。

セイタカシギ（VS ユリカモメ）

ダイゼン

33

トウネン

敵の襲来に対する一瞬の遅れが生死を分ける野鳥にとって羽の手入れは必須。「羽掻鳥(はねかきどり)」の別名もあるシギ類は、長距離移動を前に万全を期すためか、羽を何度も嘴でしごくことで知られています。

アメリカウズラシギ

ハジロコチドリ

シロチドリ

オオハシシギ

35

水浴び・水切り

ハジロコチドリ

キリアイ

汚れや寄生虫等を落とすための水浴びは、シギチにとっても大切な日課。水辺は採餌や水を飲むだけでなく、健康管理も担う重要な場所なのです。水浴びや水切りをこなすその姿はフォトジェニックでもあります。

ウズラシギ

シロチドリ

オオメダイチドリ

コチドリ

鳥が翼を横や上に伸ばす行動＝「伸び」。「スサー」「エンジェルポーズ」などともいわれますが、見ている方も気持ちよくなりそうな伸びっぷりです。ちなみにこれには羽の重なりを整えるなどの意味があるのだとか。

メダイチドリ

チュウシャクシギ

キリアイ

休憩（仮眠）・上方警戒

トウネン

セイタカシギ

ハマシギ

シロチドリ

空から見ると砂浜など背景に同化する羽色と模様は仮眠中の強い味方。頭を180度後ろ向きに、嘴を羽にうずめて一本足で休むのも十八番ポーズです。一方で、上空からの敵に常に注意を払うのもまたシギチ。

オバシギ×メダイチドリ

ソリハシシギ

トウネン

セイタカシギ

繁殖・育雛

セイタカシギ

旅鳥は日本では繁殖を行いませんが、ここでは夏鳥でもある2種の繁殖、育雛の様子を。パートナー候補への猛烈アピール、営巣とステップを着々とこなし、新たな命を育む彼ら。この光景が来年も見れますように。

コチドリ

43

鳥類画家

氏原巨雄さん
うじはらおさお

氏原道昭さん
みちあき

シギチ見必携の『シギ・チドリ類ハンドブック』、図鑑等の著者としても高い支持を集める鳥類画家の氏原巨雄さんと道昭さん。種の特徴を巧みに捉えた作品群は、まさに長年に渡る観察と探究の賜物です。ここでは制作背景などについてお二人にインタビュー。その最新作をご本人のコメントとともにご紹介します！

Interview 氏原巨雄さん

——まず初めに、野鳥、特にシギ・チドリ類を描かれるようになったきっかけと時期を教えていただけますでしょうか。

　最初に見たシギ・チドリは、日本画に描かれたシギ・チドリでした。その後、鳥の観察を始めてまもなく、大井埋め立て地で、海側の干潟を歩いている一羽のキアシシギを見た時、これがあの日本画に描かれるシギ・チドリなのかと感激しました。今手元にあるシギ・チドリのスケッチで最も古いのは1982年のものなので、この頃描き始めたことがわかります。

——長年、環境の変化などによる減少が言われているシギ・チドリ類ですが、最初に観察された場所と当時の現在の様子についてお聞かせください。

　シギ・チドリ観察の最初のフィールドは、大井埋め立て地（現在の東京港野鳥公園）と多摩川河口の2カ所で、鳥との距離が遠すぎないこと、順光の光線状態など、シギ・チドリの観察、スケッチをするのに最高の環境でした。種類数、個体数ともに多く、淡水系のシギは大井埋め立て地、他のシギは多摩川河口で見られ、この2カ所には少ない大型のシギは谷津干潟にたまに見に行くことがありました。現在、この2カ所はほとんどシギ・チドリは見られなくなりました。羽田空港拡張工事の過程でできた、羽田沖埋め立て地が後背地として重要な役割を果たしていたものと思

Osao Ujihara
1949年生まれ。 高知県出身。1973年上京。日本画の勉強の過程で鳥に興味を抱くなかで鳥の観察に傾倒するようになる。鳥類画家として図鑑類でイラスト、解説等を執筆。シギ・チドリ類の野外スケッチは200点超。 シギ・チドリ類、カモメ、カモをテーマとした氏原道昭との共著は水鳥好きバードウォッチャーらのバイブルでもある。著書に『オオタカ観察記』(文一総合出版)。
https://twitter.com/OsaoUjihara

Michiaki Ujihara
1971年生まれ。高知県出身。小学校低学年時から東京湾のシギ・チドリ類に親しむ。東京都立芸術高校油画科を卒業後、鳥類画家として2000年頃まで隔年で個展を開催。その後はジシギ類の観察に力を注ぐ。父・巨雄との共著に『シギ・チドリ類ハンドブック』『カモメ識別ハンドブック改訂版』(文一総合出版)、『決定版 日本のカモメ識別図鑑』『決定版 日本のカモ識別図鑑』(誠文堂新光社)がある。
https://twitter.com/Ujimichi

公式サイト「氏原巨雄・氏原道昭　鳥と絵画のPage」
http://www.23.tok2.com/home/jgull/

われ、工事の進捗により埋立地が消滅した時期から、一気に2カ所のシギ・チドリが減少しました。

——**ちなみに野鳥の中でも特にシギ・チドリ類に惹かれる点というと……。**

答えになっていないかもしれませんが、いろいろな鳥を見た中で、理屈ではなく、シギ・チドリだけに特別なものを感じて取り憑かれるようにのめり込んでいった感じです。最初に開いた個展はズバリ、「シギ・チドリ作品展」でした。この個展がきっかけでシギ・チドリのイラストを図鑑に執筆することになり、現在の鳥類画家の道に入りました。

——**では、ご自身にとって野鳥を描く醍醐味とは？　また、他の鳥と比べて、シギ・チドリ類を描いていて興味深く感じられるのはどのような点でしょう。**

観察条件で小鳥類と異なるシギ・チドリ、カモ、カモメに共通した長所といえば、開けたところに群れていて、納得がいくまでじっくりと観察できることだと思います。これが私の一カ所に座り込んでじっくり観察する観察スタイルに適していたのだと思います。その中でも特にシギ・チドリの格好良さに惹かれます。カモは綺麗ですが、格好良さという点ではシギ・チドリには引けを取ります。シギ・チドリは文句なしで格好いいと思います。嘴の長さ、形状、反り具合などが各種それぞれ異なり、他の

鳥より多様で、それを描き分ける面白さがあります。特にホウロクシギの、体に不釣り合いなほど長く、下に大きく湾曲した嘴は魅力的です。

――どの季節のどのような種のどういう姿に惹かれますか?

四季それぞれに異なった趣があります。春は各種が彩り豊かな夏羽を纏い、暗く寒い冬が過ぎ去った華やいだ気分を醸し出してくれます。夏、クラクラとする日差しの酷暑のなか、汗だくになりながら見るシギ・チドリも、その観察環境の厳しさゆえに、後々の記憶に強く残ります。晩秋の干潟で、どこからともなく聞こえてくるアオアシシギの哀愁に満ちた声を聞いた時は、シギ・チドリが好きでよかったとつくづく思う瞬間です。

採餌で動き回る姿や、飛翔する姿よりも、ゆったりと休む姿に惹かれることが多いですが、今後、動きのある姿も描いていきたいと思っています。干潟にいる姿もいいですが、岩礁海岸の荒々しい風景の中のシギ・チドリは特に好きです。蓮田、水田のシギ・チドリももっと描きたいですが、近くにそのような環境がなく、その機会が少ないのが残念です。

――これまで観察されていて特に嬉しかった瞬間について教えてください。

まだ見ぬ種は、どんな姿かたちなのか、似た他種とはすぐ見分けられるのかなど、自分で見つけ出して確認したいと願うものです。1986年9月4日、多摩川河口で、当時わが国での観察例があまりないヨーロッパトウネンとヒメハマシギを、類似の普通種、トウネンの1000羽ほどの群れの中から相次いで見つけ出した瞬間は興奮しました。翌日は、我が目を疑うくらい沢

山のバードウォッチャーで土手が埋め尽くされました。

――形状、色彩をわかりやすく伝えるための図鑑のイラストと背景のある絵画、それぞれで工夫されていることと、描かれていて楽しい点についてお聞かせください。

図鑑のイラストの場合は、羽の一枚一枚の色、形、模様、体の各部位のバランスをできる限り正確に描くことを心がけます。それには一枚の写真から描くのではなく、できる限り沢山の画像を集め、詳細に見比べて、鳥各種の各年齢に最もふさわしい像を自分で作り上げて描きます。シギ・チドリは各種がよく似ているので、違いを描き分けるにはかなりの観察経験がないと難しいと思います。夏羽は各種、模様や色の違いがあり、ある程度はその種とわかるように描くことができると思いますが、目立つ模様がなく、灰褐色一色の冬羽をその種とわかるように描くのは慣れないと至難の業だと思います。特に心掛けているのは、各種の顔つきの違いを描き分けることです。

絵画作品の場合は、その生活する環境の中にいるシギ・チドリを描くことが多くなります。図鑑のイラストでは、順光で真横向きですが、絵画作品では光と影を活かして描き、逆光、半逆光、前向き、斜など作品の意図により使い分けます。水辺の植物、海草、干潟の泥と水のバランス、岩、波、人工物など、周りの環境を工夫して配置していく作業は難しいですが楽しいものです。

――資料として野鳥を撮影される機会も多いかと思いますが、機材の進化で驚いたこと、絵画制作に役立ったという点についてお聞かせください。

氏原巨雄「ヒバリシギ」 2021年　透明水彩＋ガッシュ

Comment ▶「識別図鑑のイラストでは環境をこれほど描き込むことは少ないが、イラスト作品として環境もできるだけ描き込んでみた。ヒバリシギの幼羽（下）から成鳥夏羽（上）までを、正確さを期して描いているので、このまま識別図鑑としても十分通用するイラストになっている」

氏原巨雄「ヘラシギ、トウネン、キリアイ」 2021年 アクリル
Comment▶「2009年、三番瀬で見られたヘラシギを基に描いた。同年に描き始めたが、周りの環境とヘラシギを描いたところで、ほかの仕事に取り掛かったためストップし、2021年にほかの4羽を描き加え、周りにも手を加え仕上げた。アクリルは透明水彩と違って、このようにあとから描き加えたり、描き変えたりできるのが長所だ」

　図鑑のイラストを描く上で、近年の機材の進化は多大な益があったと思います。特に写真撮影をあまりしていなかった海外のバードウォッチャーにも広く機材が行き渡ったことから、世界中のシギ・チドリの精細な画像がネット上にほぼ無限に見られるようになり、私の個人的な感覚では文献、標本など限られた資料を参考にするより、写真の方がイラストを描くのにはいい結果が得られる気がします。

——絵画、写真、観察記録、文章など、先人の鳥にまつわるお仕事で特に感銘を受けられたというものはございますか。

　シギ・チドリを観察し始めて、絵もある程度描けるようになった頃、本屋さんで見つけた世界的に著名な画家、ラーシュ・ヨンソン氏（→P49）の『Birds of sea and coast』の生き生きとしたシギ・チドリの絵に感動しました。真横向きではなく、様々な向きの動きのある姿が多いので、識別用の図鑑としては不満を持つ方もいるかもしれませんが、そんなことを超越した素晴らしいシギ・チドリの絵だと思います。『Birds of sea and coast』を見て感動した10数年後、その氏と一泊でカモメを観察する機会があり、いろいろな鳥のスケッチを持って行き見せたところ、シギ・チドリのスケッチが特に素晴らしい、と言ってもらえたことはやはり嬉しかったです。

——最後に、今後シギ・チドリ類関連で

氏原巨雄「アオアシシギ、キアシシギ、ソリハシシギ、トウネン」 2021年 透明水彩＋ガッシュ

Comment ▶「2003年5月13日に多摩川河口で撮影したシギたちを基に描いた。この頃は少ないながらもまだ少数のシギチドリが見られた。アオアシシギだけのつもりで描き始めたが、その手前にキアシシギとソリハシシギを描き、欲張って手前にトウネンのいろいろな姿態を描き、総数12羽になった」

チャレンジしてみたいことがありましたらお聞かせください。

　世界一のシギ・チドリのイラスト図鑑を作りたいという希望を持って取り掛かっていましたが、近辺に十分にシギ・チドリを観察できる場所がなくなったことと、シギ・チドリそのものの減少、日本に迷ってくる鳥の資料集めに欠かせない海外渡航のハードルが高くなったことなどから、実現は困難と思えるようになりました。今後はできるだけ多くのシギ・チドリを、その生息環境とともに描き、絵画作品として残していきたい。そしてできれば、世界一のシギ・チドリの画集を作り上げたいという夢を持っています。

ラーシュ・ヨンソン（Lars Jonsson）

巨雄さん同様、道昭さんも「1970年代からあれほど生き生きとした正確なイラストを描かれていたことに強い感銘を受けた」と絶賛するラーシュ・ヨンソン氏は、1952年スウェーデンのストックホルム生まれのアーティスト、作家、鳥類学者。15歳でスウェーデン自然史博物館に初展示を果たし、以降は鳥に関するフィールドガイド等で国際的に活躍。2002年にはウプサラ大学歴史哲学学部名誉博士となっています。
http://www.larsjonsson.se/

『Birds of sea and coast』 Penguin Books,1978

——まず野鳥に親しむようになった時期ときっかけ、そしてシギ・チドリ類に特に惹かれた点などについてお聞かせください。

1980年頃に、大井埋立地（現在の東京港野鳥公園付近）や多摩川河口に鳥見に行くようになり、当時沢山見られたシギ・チドリ類に特に惹かれるようになりました。

スズメ大のトウネンからカラス大のホウロクシギまで種類と見た目のバリエーションがとにかく豊富で、可愛さと格好良さ、渋さと派手さなど、多種多様な魅力が同居しているので、（惹かれる点は）なかなか一言では言い表せないですね。複雑な模様の美しさや、どこか哀愁のある声もそうですし、微妙な違いを見分ける識別の面白さや、豊かな湿地環境の象徴みたいな側面もあると思います。

——野鳥観察を始められた当時と現在とではやはりかなり変わっていますか。

1980年代当時に一番足繁く通ったのは多摩川河口で、ピーク時には数千羽のトウネンの中にヒメハマシギやヘラシギなどの珍しい種も次々と見つかりましたが、後年渡来数は減り続け、現在は一目で数え終わってしまうような数のシギ・チドリ類しか見られず、全く昔の面影はありません。

また1990年代には神奈川県の海老名市役所前の休耕田にジシギ類を含む淡水系のシギ・チドリ類が多数集まり、駅から徒歩で観察できましたが、その後駐車場や飲食店ができてシギ・チドリ類はほぼ見られなくなりました。こうした田んぼや休耕田の観察適地は都市化の波に飲まれてどんどん都市部から遠のいてしまい寂しく感じています。

ただし、ヨーロッパトウネン、オオメダイチドリ、ミヤコドリなど、昔より観察機会が増えた種も一部あり、正確な理由はよくわかりませんが興味深いところです。

——ご自身にとって野鳥を描く醍醐味、シギ・チドリ類を描く面白さとは？

野鳥は室内の静物と違って全くこちらの思い通りにはならず、その分一つ一つの出会いがいつも新鮮な驚きを与えてくれるので、そんな気持ちを画面に再構築していくのが難しいけれどとても楽しいです。シギ・チドリ類は色は比較的地味ながらも模様が複雑で味わい深いものが多いですね。また似た種が多いために、よく観察して特徴を的確に捉えないと何を描いたのかわからなくなってしまうので、描くことで自ずと観察力や注意力が鍛えられるところもあると思います。

——次に、図鑑のイラストと絵画を描かれる際の違いについて教えてください。

図鑑のイラストは正確に描くことに加えて、それぞれの鳥を極力同条件で見比べられることが重要なので、光線状態も統一し、真横から見た形が基本になります。ただ、一方で野外での見え方の多様性もある程度は表現したいので、微妙に首を伸ばしたものや縮めたものなど、多少の変化も付けるようにしています。

絵画作品の場合は鳥だけでなくその場の環境や天候、空気感などを丸ごと表現していくのが楽しいですね。実は頭に浮かんだイメージにかなり近いものが描けるようになったのはほんのここ数年という感

覚があり、最近は制作に没頭していると頭の中で描いている鳥の声が聞こえてきたり、潮の香りが漂ってくることもあってまさに至福の時です。

──野鳥を撮影される機会も多いかと思いますが、機材の進化で絵画制作に役立ったという点などをお聞かせください。

デジタルになってから何枚撮っても現像代がかからない、その場で確認できるなど、メリットは計り知れないですね。さらに高感度耐性が上がって少々暗くても動きを止められるようになり、飛翔時の形や翼のパターンの参考写真が容易に得られるようになったのは大きいです。ただこれは今も昔も同じですが、写真は闇雲に撮るのではなく、鳥の動きや状況をよく観察することが大事で、それによって「そろそろ伸びをしそうだな」とか、「警戒してるので今は寄らない方がいいな」といった判断が的確にできるようになります。

──観察・撮影をされていて「やった！」と思われる瞬間は？

一番わかりやすいのはジシギ類が尾羽を開いた瞬間ですね。炎天下で何時間も

氏原道昭「春の干潟（キョウジョシギ・キアシシギ・メダイチドリ）」2021年　アクリル

Comment▶「2011年5月の谷津干潟にて、フジツボをつついたり蛎殻をひっくり返したりしながら忙しなく歩くキョウジョシギの羽色と、青空を映した水面とアオサの緑の春らしい対比が目を引き、その場面が後年もなんとなく印象に残っていたので、背景にメダイチドリとキアシシギも加えて春の活気ある干潟の風景を作品にしてみた」

待ち続けてやっとということもあれば、意外とあっさりということもあります。昔はほとんど撮影不可能に思えたハリオシギの小さな外側尾羽も、今は撮影機材の進化と目の肥えたジシギファンの増加で、昔のような希少価値はすっかりなくなっているのですが、未だに相手がシギ・チドリ類以外でも尾羽を開くとつい反射的にシャッターを押す癖が抜けません。

──これまでに目撃されたシギ・チドリ類の生態、行動で、強く印象に残っているのはどんなものでしょう。

2010年9月、田んぼで数羽のチュウジシギを観察していた時、畔をうろうろと採餌しながら時折コンクリートのU字溝を跳び越える行動が見られたのですが、なんとそのうちの1羽が誤ってU字溝に落ちてしまいました。少しの間茫然とU字溝の底を歩いていたのですが、気を取り直して飛び上がり何とか脱出しました。そしてその直後なぜか付近をすごい勢いで走り回ったのですが、実際どうなのかはさておき、まるで思わぬ失敗をして照れ隠しではしゃいでいるように見えて笑ってしまいました。あれは結局どういうことだったのだろう? と今も思い出したりします。

──シギ・チドリ類関連で今後チャレンジしてみたいことはございますか。

シギ・チドリ類が多かった80～90年代には撮影機材も乏しく、絵の技量も不十

氏原道昭「潮風（メリケンキアシシギ）」2021年　アクリル
Comment▶「90年代の三浦半島の記憶を再現した作品。びっしりと海藻に覆われた春の岩礁は、至る所生命で溢れかえっているような豊かさが感じられ、今後も描いてみたい魅力的な画題の一つ。そんな岩礁を自分も一緒に這いまわっているようなアングルで、背景を通過するチュウシャクシギや沖合のオオミズナギドリも入れて画面を構成した」

分で、記憶の中だけに残っている場面が色々あるので、それらを現在の技術で改めて絵にしていけたらなと思っています。

──そのほか、野鳥にまつわる一連の経験から何か思われることがありましたら。

シギ・チドリ類が沢山見られる干潟や湿地は、豊かな海産物を育む場でもありますが、我々人間はそうした足下の宝物に気づかず、あるいは他の目的のために目を逸らして、埋め立て等の形で踏みつぶし続けてきたのではないかと感じます。これについてはある程度は仕方のない部分や、もう取り返しがつかない部分もあるかとは思いますが、今後は少しでも賢明な選択がなされることを願っています。

──最後に、読者にメッセージを。

シギ・チドリ類の減少と環境悪化により、僅かなシギ・チドリ類に多数の撮影者が集まり農家に迷惑がかかるようなケースも残念ながら散見されます。違いがわかってもわからなくても、とにかく珍しい種を我先に写真に収める、というのも一つの楽しみ方ではありますが、皆がその方向に走るのではなく、まずは普通種を腰を据えてじっくり観察したり、できれば絵を描いたりしてみると、楽しみ方の幅が広がって心の余裕もでき、ひいてはそれが珍しい種についてもより深く理解した上で落ち着いて楽しむことにもつながりますので是非お勧めしたいと思います。

氏原道昭「水田（ハリオシギ）」2021年　アクリル
Comment ▶ 「ユーラシア大陸に広く分布する割に、特に東日本では見る機会が少ないハリオシギ。2019年9月に思いがけず出会って一人で暗くなるまで眺め続けた時のイメージを再現してみた。また渡り途中の彼らの生命線でもある、たっぷりと水を含んだスポンジのように柔らかな畔の感触とみずみずしさを表現することにも務めた」

シギチファイル

シギチ!

シギチ!

サルハマシギ×キアシシギ×キョウジョシギ

識別難易度の高さで定評のあるシギチ。前シーズン来たから今回も、とは
いかないのもまたシギチですが、ここでは日本で比較的出会える25種とそ
の概要を、ファンならずとも頬が緩む写真とともにご紹介。

メダイチドリ×ミユビシギ

シギチ!

トウネン

チドリ目シギ科オバシギ属
漢字表記：当年
学名：*Calidris ruficollis*
英名：Red-necked Stint
全長：15cm
旅鳥

夏羽

冬羽

常に下を向いて餌探しに励む
ほぼスズメ大の小さなサギ

　干潟、砂浜などの沿岸部、水田、河川などの
内陸部の両方に、主に旅鳥として渡来。小型甲
殻類、ゴカイ、昆虫類、ミミズ類などを採食します。
群れをなす傾向が強く、かつては数千〜万に至る
大群も見られたとか。近年は数十羽単位が多いよ
うですが、干潟では数百羽の群れを作ることも。

　和名の由来は、成鳥でも体が小さめなため、そ
の年（当年）生まれの幼鳥と勘違いされたことから
といわれます。

幼鳥

脚と嘴はともに黒色。嘴はまっすぐで短めです。夏羽は顔
と胸、上面に赤褐色が見られ、肩羽に黒褐色の斑がありま
す。冬羽の上面は灰褐色。両方が混じる秋は羽色の個
体差が大きく、ミユビシギなどとの識別が難しくなります。

ハマシギ

チドリ目シギ科オバシギ属
学名：*Calidris alpina*
漢字表記：浜鷸
英名：Dunlin
全長：21cm
旅鳥、冬鳥

地上にいた群れが何かの拍子に驚くなどして一斉に飛立ち、鳴きながら方向転換しつつ飛び回ったりする様子はまさに圧巻！　それ自体が一つの巨大な生命体のように大群がまとまって飛ぶ光景も感動モノです。

夏羽

冬羽

幼鳥

↑貝に趾を挟まれ途方に暮れる（？）の図。

各地で最もよく見られるシギ
大群を形成、数百羽での越冬も

　干潟、砂浜など沿岸部、内陸の砂地の発達した河川の中流や湖沼、水田など幅広い環境に旅鳥または冬鳥として飛来。シギとしては小型寄りのムクドリくらいのサイズで、雌雄は同色。脚と嘴はともに黒色で、やや下向きに曲がった嘴は体格のわりに長いといわれますが、個体差も大きいようです。ハマシギの渡りは他の種に比べて遅めで、秋の渡りのピークは9月中旬以降。群れは冬の干潟で特に大きなものとなります。

夏羽は背中に赤褐色が見られ、腹部に黒い大きな斑があります。複数の亜種が渡来しているのか、背中に黄色みのある個体なども確認されています。飛翔時は翼帯（翼に見られる帯状の模様）が見えます。

ミユビシギ

チドリ目シギ科オバシギ属
学名：*Calidris alba*
漢字表記：三趾鷸
英名：Sanderling
全長：19 cm
旅鳥、冬鳥

夏羽

幼鳥

首と嘴の短い小型のシギ
砂浜での採餌姿は波と戯れるよう

　春と秋、大きな群れで日本を通過する旅鳥。関東地方以西では一部冬鳥です。

　外洋に面した砂浜、干潟は泥質ではなく砂質の場所を好み、場所によっては数百羽での越冬も。砂浜では打ち寄せる波に追われるように移動しながら、砂中のトビムシ、ゴカイ、小型貝類、時にクラゲ（左写真）も捕食します。ちなみに和名は趾が3本（後指が無い）ということに由来しますが、中には後指の痕がある個体も存在します。

冬羽

嘴、脚はともに黒色。夏羽は、顔から胸、背など上面が赤褐色になります。冬羽は頭、背、翼の上面が灰色で黒っぽい斑が見られ、顔、胸、腹は白色。畳んだ翼の翼角部分にある黒斑が特徴の一つです。

オバシギ

チドリ目シギ科オバシギ属
学名：*Calidris tenuirostris*
漢字表記：姥鷸
英名：Great Knot
全長：29cm
旅鳥

たたずまい＆しぐさが
おばあさんっぽい（？）シギ

　旅鳥として春と秋、全国に渡来。有明海では
数百羽の群れが見られるものの、総数としては多
くありません。主に干潟などの沿岸部で貝類、甲
殻類、ゴカイ、ミミズ類を捕食、好物の小型貝類
は丸飲みにする姿もよく確認されています。

　和名の由来は、横長で丸みのある体型と地味
な羽色、比較的ゆったりとした動き、こまめに地
面を突きながら歩く姿が「姥」＝「老女」を思わせ
ることからといわれています。

幼鳥

雌雄同色で、まっすぐで長めの嘴は黒く、脚は黄緑色。夏
羽は頭部から首、下面は白く、黒い縦斑があり、胸部では
その斑が密になり、帯状となっています。上面には赤褐色
の斑が混じります。冬羽では上面は灰色っぽくなります。

キョウジョシギ

チドリ目シギ科キョウジョシギ属
学名：*Arenaria interpres*
漢字表記：京女鷸
英名：Ruddy Turnstone
全長：22cm
旅鳥

幼鳥

夏羽

京女を思わせる艶やかな羽色
小石を裏返しての採餌も特徴的

　全国の海岸、干潟、河川、水田などに渡来する旅鳥で、南西諸島では越冬するものも。なお春の方が秋より多く見られることから、秋は一部が別ルートをとると考えられています。赤橙色の脚はシギ類の中では短め。やや上向きの太く短い嘴で小石や貝殻、海藻を引っくり返し、その下に隠れていた昆虫や小型甲殻類を捕食します。和名は、夏羽の色彩が京の女性（京女）の衣裳を連想させたことに由来しているのだとか。

背や上面の赤褐色・黒・白で構成された夏羽は三毛猫似でもあります。顔から胸にかけて黒と白の模様も目立ちます。冬羽は赤色みが減り、模様も不明瞭に。幼鳥は全体的に黒褐色で、脚は成鳥よりも鈍い橙色です。

アカアシシギ

チドリ目シギ科クサシギ属
学名：*Tringa totanus*
漢字表記：赤足鷸
英名：Common Redshank
全長：28cm
夏鳥、旅鳥

夏羽

幼鳥

名前通り脚と嘴の付け根の
華やかな赤色が目印

　干潟や草原、湿地、水田など沿岸と内陸の両
方に渡来する旅鳥。歩き回りながら小型甲殻類、
貝類、昆虫の幼虫などを捕食します。北海道東部
の湿原などで一部繁殖も見られ、南西諸島では越
冬するものも。営巣は背の高い植物で隠れるよう
な場所を選び、足や体で作った窪みに枯れ草など
を敷きます。天敵が接近した際などは警戒声を発
して他の鳥と協力して追い払いますが、繁殖地以
外ではほぼ単独で過ごします。

冬羽は大きさ、体形も近いツルシギと似ていますが、アカ
アシシギの方が脚が短めで嘴の付け根（基部）が上下とも赤
い（ツルシギは下嘴のみ）という点が異なります。ほか、飛
翔時に翼の後ろ縁が白く目立つことも識別ポイント。

コアオアシシギ

チドリ目シギ科クサシギ属
学名：*Tringa stagnatilis*
漢字表記：小青脚鷸
英名：Marsh Sandpiper
全長：24cm
旅鳥

冬羽

幼鳥

細長くまっすぐな針状の嘴と
長い脚のスマートなシギ

　主に旅鳥として水田や湿地、干潟などに渡来。淡水域を好み、特に蓮田などの泥場はお気に入りスポットの一つです。名前通りアオアシシギよりひと回り小さく、嘴は真っすぐでより細いのが特徴。夏羽は頭部から胸が淡い灰色、上面は茶系の色が入り、ともに細かい黒斑があります。対して冬羽は上面は灰色で白い羽縁があり、下面は白色。飛翔時は下面の白色に、細長い翼上面の褐色、黒い嘴と長い黄緑色の脚が映えます。雌雄は同色。

アオアシシギ

チドリ目シギ科クサシギ属
学名：*Tringa nebularia*
漢字表記：青脚鷸
英名：Common Greenshank
全長：32cm
旅鳥

水深のある場所で頭を水中に沈め
小型の魚を捕食することも

　全国各地の干潟、河川、湿地、水田などで見られる主に旅鳥。黒い嘴はコアオアシシギより太めで先端がやや上に反っています。長い脚は名前こそ「アオアシ」ですがオリーブ色のような灰色みのある黄緑色。これは「青葉」などと同じく古語の「青」は「緑」を指すためです。夏羽は頭部から首にかけて淡い灰色に細かい黒斑が入り、上面は灰褐色で白い羽縁があります。下面は白色で胸に黒斑が入りますが、冬羽では見られません。

キアシシギ

チドリ目シギ科キアシシギ属
学名：*Tringa brevipes*
漢字表記：黄脚鷸
英名：Grey-tailed Tattler
全長：25cm
旅鳥

目立つ黄色い脚で干潟や砂丘を走り回ってはせっせと採食

　沿岸部、内陸部のいずれにも渡来する旅鳥。春には数百羽の群れが観察されることも。名前の通り黄色い脚のほか、まっすぐな嘴の基部にも黄色みがあり、眉斑は白色、その下の過眼線は黒色です。夏羽は頭部から上面は一様に灰褐色で目立つ模様はありませんが、白色の下面には腹から腹部にかけて波状の横斑が見られます。冬羽は上面と胸の色がやや暗めになります。また、「ピュイー」と遠方までよく聞こえる澄んだ鳴き声も特徴の一つ。

イソシギ

チドリ目シギ科イソシギ属
学名：*Actitis hypoleucos*
漢字表記：磯鷸
英名：Common Sandpiper
全長：20cm
留鳥

名前は「磯」だが淡水域にも多い
日本で繁殖する最も身近なシギ

　ムクドリ大の留鳥で、北日本では夏鳥。「磯」にも出現するものの河川や池沼のほとり、湿地や泥地でよく見られ、昆虫類や甲殻類、小型の魚などを捕食します。尾羽を上下に振りながら活発に歩く姿、翼を下げた状態で先端を震わせながら水面近くを飛ぶ姿が特徴的です。羽色は頭部からの上面が褐色で胸の脇は灰褐色、喉と腹は白色。このほか、白いアイリングと黒い過眼線の上の白い眉斑、そして胸の脇に食い込みのように見える白色の3大「白」ポイントも。

ソリハシシギ

チドリ目シギ科ソリハシシギ属
学名：*Xenus cinereus*
漢字表記：反嘴鷸
英名：Terek Sandpiper
全長：23cm
旅鳥

体のサイズのわりに長い
上向きに反った嘴が特徴

　ユーラシア大陸内陸部で繁殖し、南アジア、東南アジア、オセアニア、アフリカなどで越冬する旅鳥。日本には春より秋の方が多く渡来すると見られています。全国の干潟、砂浜などの沿岸部で、ゴカイ、昆虫類、甲殻類などを捕食します。危険を察知した際は飛び立つよりも走って逃げることが多いのも特徴の一つ。和名は「ソリ」＝「反り返った」、「ハシ」＝「嘴」をしたシギ、という見た目そのままの意味。長い嘴とは逆に橙色の脚は短めです。雌雄は同色。

オグロシギ

チドリ目シギ科オグロシギ属
学名：*Limosa limosa*
漢字表記：尾黒鷸
英名：Black-tailed Godwit
全長：38cm
旅鳥

名前の由来は尾羽の黒い帯状斑
飛翔時などにチェック！

　春よりも秋に多く渡来の見られる旅鳥。まっすぐな嘴、首、脚がそれぞれ長く背の高いスマートなシギで、淡水域の泥地を好む傾向があります。海岸や河口の干潟、池沼畔、湿地、水田などでゴカイ類、ミミズ類など底生動物を捕食します。夏羽は上面に赤褐色味があり、顔から首、胸にかけて橙色で下面は白色で黒い横縞があります。冬羽は上面が灰褐色。飛翔時に見える上尾筒から尾の上半分が白色、先端部は黒色で、尾部の白黒帯、翼にある白帯が目立ちます。

オオソリハシシギ

チドリ目シギ科オグロシギ属
学名：*Limosa lapponica*
漢字表記：大反嘴鷸
英名：Bar-tailed Godwit
全長：39cm
旅鳥

上方に反った嘴が特徴
1万km超を飛び続けることも

　少し上に反った長い嘴、比較的短めの脚を持つ、名前通りソリハシシギより大型のシギ。ユーラシア大陸極北部などで繁殖し、冬季はオーストラリアや東南アジアへ。その渡りの途中に全国に渡来する旅鳥です。海岸や湖岸の干潟のほか、河口の砂泥地、その近くの水田などでゴカイや甲殻類などを捕食。春は近縁種のオグロシギや大きさの近いチュウシャクシギと行動する姿が見られたりします。夏羽は顔、頸、胸、腹は赤褐色。腰は白地にわずかに黒い横斑があります。

ダイシャクシギ

チドリ目シギ科ダイシャクシギ属
学名：*Numenius arquata*
漢字表記：大杓鷸
英名：Eurasian Curlew
全長：58cm
冬鳥、旅鳥

下向きに大きく湾曲した嘴は
頭長 3 倍ほどの長さ

　春と秋の渡りの時期に全国に渡来。和名の
由来は杓の長い柄を思わせる嘴からで、干潟を
歩き回ってはその嘴を土にねじ込むように差し
入れ、ゴカイやカニなどを捕獲。カニは食べや
すくするため足やハサミ部分を振り落とし、胴
体のみにしてから丸飲みします。ホウロクシギ
（→P76）と並び、日本で会えるシギ類では最
大級。大きさ、形態の似ている両者は飛翔時
に見える翼の裏面や背と腰の色などで見分けら
れます。雌雄は同色。

ホウロクシギ

チドリ目シギ科ダイシャクシギ属
学名：*Numenius madagascariensis*
漢字表記：焙烙鷸
英名：Far Eastern Curlew
全長：63cm
旅鳥

日本を訪れるシギ類では最大級
太平洋をノンストップで渡る

　衛星追跡により無着陸飛行で太平洋を渡ることが確認されたホウロクシギ。日本には春と秋に渡来し、海岸や河口の広い干潟に生息。長く下に湾曲した嘴を駆使して干潟でカニ類、貝類、ゴカイ類、小魚類を捕食します。羽色は全体的に薄い褐色で、顔から首にかけては黒褐色の縦斑があり、下面では斑は粗めになります。雌雄は同色。和名は素焼きの土鍋の一種である「焙烙」から。褐色の羽色が使い込んだ焙烙に似ていたためといわれています。

チュウシャクシギ

チドリ目シギ科ダイシャクシギ属
学名：*Numenius phaeopus*
漢字表記：中杓鷸
英名：Whimbrel
全長：42cm
旅鳥

秋より春の渡来が多く
春の水田で大群になる場面も

　全国の海岸、干潟、河川、湿地、農耕地など海水域、淡水域の両方に渡来する旅鳥。南西諸島では越冬するものも。下方に湾曲した嘴は黒色で基部は薄赤色。長さは頭長の２倍ほどで、ゴカイやカニ類のほか、昆虫類なども巧みに捕らえます。また、眉斑は白、過眼線は黒で、頭部中央には白線、その両側には褐色の線が走ります。雌雄は同色。なお近縁種のダイシャクシギは名前の通り大型で、ホウロクシギはさらに大型。逆にコシャクシギは小型です。

メダイチドリ

チドリ目チドリ科チドリ属
学名：*Charadrius mongolus*
漢字表記：目大千鳥
英名：Lesser Sand Plover
全長：20cm
旅鳥

冬羽

夏羽

モズくらいの大きさで縦長体型
名は「目大」だがそうでもない

幼鳥

　全国的に干潟、砂浜、湿地、水田などで見られる旅鳥で、本州以西では一部冬鳥。「クリリ」という鳴き声や見た目の似たオオメダイチドリ（→P98）は、名前の通りメダイチドリよりひと回り大きく（全長24cm）、嘴も脚も長め。同じく似ているとされるシロチドリ（→P82）は逆にひと回り小さく、嘴が細長いという特徴があります。夏羽の胸の橙色の有無、飛ぶと白い翼帯が見えることでも識別できます。

嘴は黒色で太くて短く、長い脚は暗めの黄緑色から黒色まで個体差があります。春の渡りの時期に見られる夏羽は、頭頂から首、胸、前腹にかけてが橙色。喉と額は白く、目の周りは黒色。背中は灰褐色で、腹部は白色です。

コチドリ

チドリ目チドリ科チドリ属
学名：*Charadrius dubius*
漢字表記：小千鳥
英名：Little Ringed Plover
全長：16 cm
夏鳥、少数は留鳥

夏羽

幼鳥

名前通り日本最小のチドリ類
特徴は黄色いアイリング

　多くは夏鳥ですが、地域により留鳥、冬鳥。主に水田や河川付近など内陸の淡水域の湿地などで昆虫類、ミミズ類を中心に捕食します。この鳥の特徴的な生態に「擬傷行動」があります。雛連れの際に天敵が近づくと、親鳥はまず雛に警戒の鳴き声で動かぬよう伝え、敵の目を雛から逸らすべく負傷したふり（擬傷）をするのです。捕食しようと近づく敵を親鳥は迫真の演技で雛の安全圏まで誘導後、さっと飛び去ります。

幼鳥

アイリングの外側の色が黒いのはオスで、メスは褐色。ただし冬羽ではアイリング、顔の黒色、首周りの黒色、それぞれが淡くなります。渡りをしない同サイズの鳥と比べると翼開長40cm以上と翼が長いのはやはり渡り鳥。

シロチドリ

チドリ目チドリ科チドリ属
学名：*Charadrius alexandrinus*
漢字表記：白千鳥
英名：Kentish Plover
全長：17cm
留鳥

バランス的に頭部大きめ
夏羽への換羽は 12 月頃と早い

　全国の干潟や河口などで観察される留鳥ですが、北日本では秋冬に南方へ移動するものも。似ているメダイチドリなどより素早く動き回り、小型の甲殻類、ゴカイ、昆虫などを採食します。

　繁殖は砂浜や砂州のほか、埋立地の砂礫地などでも見られます。巣は砂地などにそのまま、もしくは貝殻や小石などをわずかに敷いて少し窪ませただけのもので、雌雄で交代して抱卵。雛は孵化から約3週間で飛べるようになります。

夏羽

嘴は黒く、脚は肉色や黒色など個体で異なります。オスの夏羽は頭部に赤褐色部分、前頭に黒色部分があり、メスはそれらは褐色。雌雄ともに上面は淡褐色です。冬羽は頭頂から上面は淡褐色で、腹部と額から目の上は白色。

ダイゼン

チドリ目チドリ科ムナグロ属
学名：*Pluvialis squatarola*
漢字表記：大膳
英名：Grey Plover
全長：29cm
冬鳥、旅鳥

全体的に灰色系の斑模様でコントラストに乏しい冬羽に対し、夏羽は顔から腹部の黒色が増し、白黒はっきり。上面の模様も荒くなります。

幼鳥

夏羽

冬羽

夏羽は上面、下面ともに
モノトーンでスタイリッシュ

　主に旅鳥として飛来する大型のチドリ類で、関東以南では越冬するものも。和名の「大膳」は宮中で食材として供されたことに由来します。

　主に干潟など沿岸で急に走り出したり立ち止まったりしながらゴカイやカニ、貝類などの獲物を急襲、捕食します。特に好物のゴカイを砂中から慎重に引っ張りだす姿（→P100）は非常にフォトジェニック。捕らえた獲物は可能であれば洗って泥を落としてから「いただきます」。

85

ムナグロ

チドリ目チドリ科ムナグロ属
学名：*Pluvialis fulva*
漢字表記：胸黒
英名：Pacific Golden Plover
全長：24cm
旅鳥

夏羽

幼鳥

名前の由来は夏羽の胸の黒色
同じくムナグロ属のダイゼン似

　春と秋に日本を通過する主に旅鳥。関東地方
以西では越冬も。渡り途中や越冬地では群れ
になることが多く、干潟や海岸より水田、農耕
地、草地など比較的乾燥した場所を好む傾向が
あります。食性は昆虫類や甲殻類などが中心で
すが、草原などで植物の種子をついばむ姿も見
られています。夏羽の顔から腹にかけての黒色
や体形が似ているといわれるダイゼン（→P84）
と比べると、ムナグロの方がやや小さめで嘴が
細く、上面に白黒斑に加え黄色斑があります。

ケリ

チドリ目チドリ科タゲリ属
学名：*Vanellus cinereus*
漢字表記：鳧
英名：Grey-headed Lapwing
全長：36cm
留鳥

「ケリッ」と大きな声で鳴く
チドリの仲間の中では脚長の種

　アジア東部の温帯域に分布。日本では東北・
関東・中部・近畿地方の水田、池沼のほとり、湿
地などに生息する留鳥ですが、冬季は北日本か
ら温暖な地域に移動する個体も。水田の畦や
荒地などに営巣し、近づくものには果敢に攻撃
を加えます。嘴は黄色で先端は黒く、虹彩は赤
色。羽色は頭から首は灰色で、上面は灰褐色で
す。飛翔時は翼の初列風切羽の黒と翼下面や
腹の白、尾の白黒のコントラストが美しく、長く
黄色い脚が尾より後方に出るのもポイント。

セイタカシギ

チドリ目セイタカシギ科セイタカシギ属
学名：*Himantopus himantopus*
漢字表記：丈高鷸
英名：Black-winged Stilt
全長：37cm
留鳥、旅鳥

6月3日

6月10日　6月17日

6月24日　7月2日　7月9日

英名の「竹馬（Stilt）」に納得！
とにかく脚長のスマートなシギ

　かつてはレア種だったものの現在は春と秋に全国に渡来する旅鳥。千葉や愛知などでは繁殖も見られる留鳥です（上の写真6点は千葉生まれの個体の羽の成長の様子を追ったもの）。河口、入江、湖沼、水田のほか、埋立地の水溜まりなどに生息、かなり水深のある場所でも長い脚を駆使して昆虫類、甲殻類、魚類などを捕食します。なお、黒く細長い嘴、赤い虹彩、ピンク色の長い脚は雌雄共通ですが、羽色は異なります。

飛翔時の嘴から趾までの長さと優雅さはまさに溜息モノ。ちなみに雌雄で異なる羽色は個体差がありますが、オスの夏羽は多くの場合、頭部と上面が黒色。メスは頭部が白や灰色、上面は褐色であることが多いようです。

ソリハシセイタカシギ

チドリ目セイタカシギ科ソリハシセイタカシギ属
学名：*Recurvirostra avosetta*
漢字表記：反嘴丈高鷸
英名：Pied Avocet
全長：43cm
旅鳥、冬鳥

夏羽

著しく反り返った細い嘴
その独特の形状は唯一無二

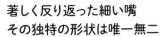

　旅鳥または冬鳥として、ほとんどが単独で干潟や入り江などに渡来。和名通り、細長い嘴の先端が跳ね上がるように沿った、脚の長い大型のシギです。歩きながら浅瀬の水の中に嘴を差し入れ、頭を動かし、嘴を左右に振ってその先を砂泥底の表層を擦るように動かして甲殻類やゴカイなどを探します。また、趾に水かきがあり、シギ類としては珍しく水上を泳いでの移動も。水深のある場所でも精力的に行動します。

体色は全体的にモノトーンで、嘴と頭の上半分から後頸、肩羽、雨覆いの一部、初列風切が黒く、そのほかは全身が白色。脚が長く、青みのある明るい灰色。呼びやすさからか英名の「アボセット」と呼ぶ人も少なくありません。

ミヤコドリ

チドリ目ミヤコドリ科ミヤコドリ属
学名：*Haematopus ostralegus*
漢字表記：都鳥
英名：Oystercatcher
全長：45cm
旅鳥、冬鳥

長く幅広い赤橙色の嘴から
「ニンジン」の愛称も

　赤系の嘴と脚、虹彩と、白と黒の羽色。鮮やかな3色使いが遠目にも目立つ旅鳥。冬鳥として越冬するものも増えており、群性があるため東京湾周辺では数百羽の大群での越冬も見られます。主に干潟や砂地の海岸で捕食しますが、そのターゲットとなるのは英名からもうかがえるように牡蛎（Oyster）などの二枚貝。長い嘴は平たくて先が鋭くなっており、二枚貝の口の隙間に差し込んで貝柱を切断して殻を開けるのに適しています。

羽色は雌雄同色で、頭から背、上面は黒色で腹は白色。腰と尾は白く、尾の先には黒い帯が。また、飛翔時は翼に太い白帯が現れます。ちなみに在原業平が歌に詠んだ「都鳥」は、実際はこの鳥ではなくユリカモメなのだとか。

まだまだほかにも！
日本にやってきたシギチたち

ここまで見てきた25種以外にも日本で会えるシギチはもちろんいます。おなじみの種の群れにしれっとまぎれていたりとシギチ見のお楽しみは尽きません！

ヨーロッパトウネン

ヒバリシギ

オジロトウネン

ウズラシギ

アメリカウズラシギ

コシジロウズラシギ

キリアイ

サルハマシギ

コオバシギ

エリマキシギ

オオハシシギ

ツルシギ

タカブシギ

オオメダイチドリ

ハジロコチドリ

タシギ

アカエリヒレアシシギ

Photographer Interview

SNSで大バズりした「未だかつてここまでゴカイを伸ばしたダイゼンはいただろうか」写真。

写真担当 築山和好さんに聞く

〈シギチを撮る〉
ということ

表情豊かな野鳥たちの写真がSNSでも大人気！　今回本書の写真も担当していただいた築山さん。最も思い入れのある被写体＝シギチという、その気になる鳥見＆鳥撮のバックグラウンドに迫りました！

──野鳥の観察・撮影はいつ頃、どのような理由で始められたのでしょう。

　大学生になった1980年代後半、何か始めようと思い高校の同級生が入っていたサークル「生物研究部」の野鳥班にとりあえず入ってみました。特に鳥に興味があったわけではないのですが、図鑑を眺めていると、シギという鳥の仲間はどれも瓜二つで区別がつかないらしいということがわかりました。そこで難しいものを解明したいという欲望にかられ、シギ・チドリ類（以下、シギチ）の識別にチャレンジすることにしたのです。幸い家の近くに河口がありシギチの観察には適していたので、講義やバイトの無い時間はほとんど鳥見という生活が始まりました。

　ただ、学生時代はカメラを買う余裕が無くスコープと双眼鏡のみで、数々の珍鳥を見てきたのに残念ながら何も証拠が残らないという状況が続きました。ようやく社会人1年目（1990年代前半）の冬、思い切って一眼レフと望遠レンズ（600mm）を購入、

それからはほぼ毎週末撮影に出かけています。東京港野鳥公園の観察小屋では至近距離でシギチの撮影ができることがわかり、シギチの撮影を始めました。

──野鳥撮影、特にシギチの撮影で面白いと思われるのはどんな点ですか。

　植物や昆虫は時期と場所を間違えなければある程度の撮影は可能ですが、野鳥は条件が合って観察できたとしてもすぐに飛んで逃げるので簡単には撮れず、種によっては30年かけてもまともに撮れてないものもあります。ファインダーに鳥が入った時の緊張感と興奮は一度体験すると病み付きになります。簡単には撮れないところが飽きないポイントでしょうか。

　シギチは何千キロもの渡りを行っているので、地球規模の現象の一部を撮影しているところと、いつ何処から何が飛んでくるかわからない（レア系に会えるチャンスがある）ところが醍醐味ですね。アラスカ等で繁殖し、南アメリカで越冬する種が観察されることもあります。

一年を通じて羽の色や模様が大きく変わっていくというところも興味深いです。一般的に冬羽は地味で目立たない色ですが、夏羽は目が覚めるような鮮やかな色に変わります。留鳥でなくとも1種類で幼羽、冬羽、夏羽、換羽中を楽しめるところもシギチ撮影の面白さでしょうか。

——野鳥撮影に取り組まれるようになった当初、苦労されたことや工夫されたこと、また、撮影機材の進化により可能になったなどについて教えてください。

撮影を始めた90年代はまだフィルムの時代でした。現像に3日、プリントに3日、仕上がりを見られるのは1週間後で、一枚一枚を丁寧に撮っていました。連写できるのは一部のお金持ちの方だけ、鳥の羽ばたきは撮れた角度で満足するしかなく、同定に必要な翼の写真はほとんど撮れませんでした。解像度を上げるためには感度の低いフィルムを使う必要がありますが、シャッタースピードを上げられず、ブレた写真ばかりでしたね。この時代は動き物の撮影はできないものと諦めていました。

デジタル一眼が登場し、メモリが安価になると、連写ができるようになり、羽ばたきは欲しい角度の写真が撮れるようになりました。10コマ以上／秒連写できる機材を導入し、飛翔写真（→上写真）を撮るようになりました。

解像度が向上し、羽の細部まではっきりとわかるようになると、フィルムの時代では区別が難しかった鳥も同定できるようになりました。ヨーロッパトウネン（→下写真）の同定方法が確立したのは撮影機材の進化が貢献していると思います。

——長年、シギチの減少が指摘されていますが、観察・撮影をする中で気づかれた

オオソリハシシギの飛翔。

ヨーロッパトウネン（幼鳥）。

ことなどございますか。

私が学生の頃（80年代後半）は博多湾でシギチのカウントを行っていましたが、トウネン9000羽、ハマシギ2万羽をカウントした記録が残っています。

当時の干潟はヘドロが深く堆積していて、歩くのも困難な状況でしたがシギチにとっては栄養価が高かったのでしょうか、うじゃうじゃといました。現在のトウネンの数は多くても数百羽、10分の1以下に減少していると思います。

逆にセイタカシギは80年代は観察することが難しい種でしたが、特に東京湾では繁殖戦略に成功したためか、年間を通じて見られるごく普通の鳥になったと思い

ます。全国的に見ると河川の水質、干潟の砂質は改善していると思いますが、シギチの数は減る一方です。越冬地、繁殖地、日本のような通過地全体の環境保全が必要ですね。

——撮影してみたいシギチの姿はどんなものでしょう。また、撮影されていて思わずガッツポーズしたくなる瞬間とは？

エリマキシギの夏羽、特にショールを膨らませたような姿は撮ってみたいですが、未だ会えていません。5月〜6月に遅れて渡ってきた個体や、遅くまで国内に残った個体は夏羽が見られる可能性があると思いますし、それを期待しています。

鳥が水面から飛び立つ時の翼のしなりと水の表情が良く出ている写真が撮れた時は嬉しいですね。撮ってみたい場面は正面から飛んできたシギが着水する瞬間です。正面から飛んでくる鳥をマニュアルフォーカスで撮影しようとするとピントを目に持っていくだけでも大変ですので、ピントが合った時は興奮しますね。その瞬間にシャッターを押せているという条件も加わりますので、最高難度の撮影だと思います。

——野鳥撮影において意識されていることがありましたらお聞かせください。

鳥との接し方は大事にしています。鳥は追うと逃げる。逆に座って待っていると、鳥の方から近づいてきて、水浴びや羽繕いをしたり、仮眠したりと、いろんな表情を見せてくれます。鳥の警戒心を解くためには、何度も同じ場所に通い、慣れてもらい、この人は危害を加えないということを認識してもらう必要があります。鳥から見て背景のように気にならない存在になることが大事ですね。

——今後、シギチに関することで何かチャ

レンジしてみたいことはありますか？

ヒレアシトウネン（水かきの有無以外はほとんどトウネンと区別のつかない種）の水かきを撮りたいですね。実は3年前ぐらいから水かきばかり集中して撮っています。ミズカキチドリ（水かきの有無以外はほとんどハジロコチドリと区別の付かない種）らしい個体の撮影はできましたが、ヒレアシトウネンは未だかすりもしていません。

——最後に、読者にメッセージを。

シギチの識別は挫折の連続です。漠然と眺めていても違いはわかりません。まず鳥の羽の構造を理解し、各部位の名前を覚える。それから写真を撮って横に並べ、どの羽がどのように違うのか文章にしてみると違いが明確になってくると思います。少し違いがわかってくると、わからないことは挫折ではなく新たな識別テーマとなり、そうなるとシギチの識別が楽しくなってきます。この本を手にされた方にも是非、チャレンジしていただきたいです。

Kazuyoshi Tsukiyama
1965年福岡県生まれ。大学1年時より博多湾をフィールドとして野鳥観察を始め、その世界にハマる。以来、本業と並行して40年近く鳥見と撮影を続けている（好きなシギ・チドリ類は年齢識別用写真、身近な鳥は生態や表情を撮影している）。雑誌『BIRDER』への寄稿や各種書籍への写真提供も行う。
instagram.com/kazuyoshi.tsukiyama
twitter.com/TsukiyamaKazu

本書掲載写真関連DATA
撮影機材：CANON EOS7DMKⅡ＋EF600F4
撮影時期：2016年〜2021年
撮影場所：千葉県三番瀬、九十九里浜、茨城県稲敷市

My Favorite Moments

写真担当 築山和好さんの10選

今この瞬間を活き活きと生きる鳥たちへの温かな視線が感じられる
撮影者ならではのコメントとともに、お気に入り写真をご紹介!

セイタカシギ 「モデルのような体型に憧れます。飛翔は特に美しくピンクの足を伸ばして飛ぶスタイルは見惚れてしまいます。この写真は西日の逆光で撮ったため羽が透けて見えるところが気に入ってます」

コアオアシシギ(→P1)

「翼と尾羽の裏側、飛翔時の脚の尾羽からの突出具合など、図鑑的な要素を写し込んだ写真が撮れると嬉しいです」

ハジロコチドリ(→P36)

「鳥の水浴びはいろんな表情を見せてくれるので、撮影も楽しいです。水浴びが終わると、羽に付いた水滴を落とすために何回か羽ばたきますので翼全体が撮れます」

オバシギとメダイチドリ(→P41)

「異なる2種、しかもシギとチドリが寄り添って、上空のハヤブサを警戒する様子です。30年以上鳥を見てますが、このシーンを見たのはこの時一度だけです」

シロチドリ(→P31)

「シロチドリがカニを見つけて食べるまでの行動にはいろいろとドラマがあり、写真として切り取ると、この後どうなったんだろうと想像が膨らみ物語が生まれます。勝ち目が全く無いのに一生懸命威嚇しているカニの姿が気に入ってます」

キアシシギ(→P31)

「キアシシギが小魚を浅瀬に追い込み捕らえる様子を撮りました。生き物が活きている瞬間だと思います。動きのある写真の撮影は神経を集中させるので疲れますが撮れた時は嬉しいですね」

ソリハシセイタカシギ 「白と黒のシンプルなツートーンですが、この鳥は文句無く美しいと思います。嘴が上に反っていて、それを水中で左右に振りながら餌を捕る様子も面白く愛着の湧く鳥です」

ムナグロ 「ムナグロの背景にダイゼンがボケて写っていて、SNSでは「ムナグロからダイゼンが幽体離脱」というキャプションで出して好評だった写真です。この2羽が近くにいること自体が珍しく、ポーズもほぼ同じで偶然が重なりました」

ミユビシギ 「シギの仲間は小さい貝は丸呑み、少し大きめの貝は中身のみを食べるようですが、たまに嘴を挟まれるようです。この写真はミユビシギが嘴を貝に挟まれて困っている様子です」

ムナグロ 「風がないと水面は鏡面になり、周囲の芦原や草地の色を写し込んでくれます。この写真は水面のリフレクションと鳥の羽繕いの後ブルブルッとした時の羽の表情もよく出ているので気に入ってます」

Today birds, tomorrow men
～シギチが教えてくれること

「今日の鳥は、明日の人間」——直訳だとわかるようなわからないような言葉ですが、これには、「現在の鳥たちの様子を見れば、人類が将来見舞われる状況を推し測れる」といった意味が含まれているそうです。

自然環境の変化に敏感な野鳥は、環境のバロメーターともいわれるほど。人間にはまったく気づけない変化も野鳥は鋭く察知し、その場から姿を消してしまいます。彼らは自らの行動により、環境の悪化を即、人間にも教えてくれているのです。

特に本書の主役であるシギチなどの渡り鳥は、私たちに地球規模の変化を伝えてくれます。彼らが日本の中継地を訪れなくなった場合、その疑問の対象は世界に広がります。数千〜1万kmを隔てたシギチの繁殖地や越冬地、日本以外の中継地、はたまた渡り経路上の自然環境にどのような異変が起こったのか。私たちの前には多くの疑問（課題）が用意されるのです。

と、ここで、「環境保全が大切なのはわかるけど、なんだか荷が重い。そのために何をすればいいのかわからないし」と思われる人もいるかもしれません。しかし、無理に何かをしようとする必要はありません。

写真を見て「へー。シギチってよくわからなかったけど、こんな鳥たちなんだ」「なんかかわいいかも」と思ったりする、それだけでいいのです。

前述のように、多国間にまたがったルートを季節移動するシギチを保護するためには、繁殖地、渡りの経由地、越冬地の環境保全が重要となります。「東アジア・太平洋地域シギ・チドリ類重要生息地ネットワーク」などで国際的な保護が図られるようになりましたが、まだまだ一般に知られているとはいえません。

「Sustainable Development Goals（持続可能な開発目標）」＝SDGsの盛り上がりからもわかるように、目標達成のためにはまず「知ること」。関心を抱くということこそ環境保全への第一歩なのです。

シギチの写真を見ていて多くの人が思うのが、ずっと日本に来てほしい、毎年姿を見せてほしいということではないでしょうか。「正しいこと」を目指すのが大切だとは思いつつ、やらなければ、と肩に力が入ると何事も長続きはしません。逆に、やりすぎと言われても自分にとって「楽しいこと」は続けてしまうのでは？　シギチに対して「なんかいいな」と思ったらいいなと思うところをもう少し掘ってみる。するとなかなか面白くて違うところも掘ってみたくなった……。ということを繰り返していけば、気づけばあなたもシギチ沼の住人になっているはずです。

それはさておき。かつて、1960年代から始まった工業開発、高度経済成長の波は、内湾や大河川の河口部などに広がっていた干潟を人間ですら脅威を覚える規模とスピードで埋め立てていきました。さすが

シロチドリ

《Epilogue》

に心ある人は気づいたのか、1970年代以降は数カ国との間に渡り鳥保護条約が結ばれ、生息環境保全が国際的に義務付けられましたが、その効力は——どうだったのでしょう。保全活動のキモ＝原動力、推進力はやはり、その場所を守りたい、鳥たちに会い続けたい、という人々の願いだったような気がします。

そしてそれが叶わなかった事例、今日までに失われた自然を知ることもとても大切なことです。『東京湾にガンがいた頃——鳥・ひと・干潟　どこへ——』（→P25参照）著者の塚本洋三氏は、足しげく通った新浜が埋め立てられる前に渡米、帰国して訪れた彼の地の変わり果てた姿に愕然とします。「新浜が新浜であったからこその魅力」を知る塚本氏の大きな喪失感と悔しさ、人間の

傲慢さへの静かな怒りが滲む文章に胸が詰まります。

しかし新浜が失われた一方で、一部を除き埋め立てを免れた東京湾の最奥部に位置する三番瀬は、逆にその価値を再認識されることになりました。現在、三番瀬は生物多様性を体感できる自然学習の場として、生き物と自然への興味を楽しみながら育むことができると多くの人に親しまれています。

失ったことから気づくことができるというのは、いい意味で人間の人間たるところです。それができた時、「今日の鳥は、明日の人間」は、「目の前の鳥たちの姿から学び、生物多様性のより豊かな明日に向かえる人類の未来像」という意味の言葉に変わるかもしれません。

主な参考文献・Web サイト

『鳥の渡り生態学』樋口広芳 編／東京大学出版会／2021
『鳥たちの旅 渡り鳥の衛星追跡』樋口広芳 著／NHK ブックス／2005
『ぱっと見わけ観察を楽しむ 野鳥図鑑』石田光史 著 樋口広芳 監修／ナツメ社／2015
『野鳥の名前 名前の由来と語源』安部直哉 文 叶内拓哉 写真／山と渓谷社／2008
『短歌俳句動物表現辞典 歳時記版』大岡信 監修／遊子館／2002
『フィールドガイド日本の野鳥 増補改訂新版』高野伸二 著／日本野鳥の会／2015
『日本の野鳥(山渓ハンディ図鑑)』叶内拓哉 写真・解説／山と溪谷社／1998
『日本の鳥550 水辺の鳥 増補改訂版』桐原政志 解説／文一総合出版／2009
『フィールドのための野鳥図鑑 水辺の鳥』高木清和 著／山と渓谷社／2002
『散歩で楽しむ野鳥の本 街中篇』大橋弘一 著／山と溪谷社／2008
『動物大百科8 鳥類II』黒田長久 監修 C.M.ペリンズ、A.L.A.ミドルトン 編／平凡社／1986
『小学館の図鑑NEO 鳥』小学館／2002
『BIRDER』文一総合出版

モニタリングサイト1000 Since 2003 http://www.biodic.go.jp/moni1000/
環境省自然環境局生物多様性センターサイト http://www.biodic.go.jp/
国立研究開発法人港湾空港技術研究所サイト掲載記事「干潟の泥表面の微生物が鳥の餌」
https://www.pari.go.jp/unit/ekanky/member/kuwae/biofilmfeeding.html

オバシギ×キョウジョシギ×チュウシャクシギ×オオソリハシシギ

シギチだけじゃない！
にっぽんで会える鳥たち
カンゼンの［鳥の本］

ミユビ屋！

写真　築山 和好（つきやま かずよし）

1965年福岡県生まれ。大学1年時より博多湾をフィールドとして野鳥観察を始め、その世界にハマる。以来、本業と並行して40年近く鳥見と撮影を続けている（好きなシギ・チドリ類は年齢識別用写真、身近な鳥は生態や表情を撮影している）。雑誌『BIRDER』への寄稿や各種書籍への写真提供も行う。
instagram.com/kazuyoshi.tsukiyama
twitter.com/TsukiyamaKazu

編集　ポンプラボ

出版物・Web 媒体等コンテンツの企画・編集制作・出版を行う。企画・編集書籍に『にっぽんスズメ歳時記』など「にっぽんスズメ」シリーズ、『にっぽんのカラス』（カンゼン）ほかがある。リトルプレス『点線面』を不定期刊行中。

STAFF

企画・編集	ポンプラボ
ブックデザイン	大森 由美（ニコ）
構成	立花 律子（ポンプラボ）

オオソリハシシギ

にっぽんのシギ・チドリ

発行日	2021年8月18日　初版

写真	築山 和好
編集	ポンプラボ
発行人	坪井 義哉
発行所	株式会社カンゼン
	〒101-0021
	東京都千代田区外神田2-7-1 開花ビル
	TEL:03 (5295) 7723 FAX:03 (5295) 7725
郵便振替	00150-7-130339
印刷・製本	株式会社シナノ